中国航天科工二院二〇八所 组织审定

空天宝贝探索吧

马倩 / 主编

郑焱 唐纹 谢露茜 / 著

王柯爽 郭真如 / 绘

① 树洞里的秘密

电子工业出版社

Publishing House of Electronics Industry

北京·BEIJING

亲爱的小朋友们：

习近平总书记指出，探索浩瀚宇宙，发展航天事业，建设航天强国，是我们不懈追求的航天梦。1970年4月24日，随着一声"点火"指令划破寂静的夜空，中国人自己制造的第一颗人造卫星"东方红一号"向太空飞去，拉开了中华民族探索浩瀚宇宙的序幕。当《东方红》的优美旋律响起，那是宇宙第一次听见中国声音，宣告中国从此进入了太空时代。从"东方红一号"人造地球卫星升空到如今的满天"繁星"，中国已进入航天大国行列，正加速向航天强国迈进。

建设航天强国要靠一代代人接续奋斗，孩子们是祖国的未来，也是中国航天事业的希望。中国航天科工集团旗下的空天文创团队专为少年儿童设计创作了"空天宝贝"系列丛书，将深奥的航天知识用轻松活泼的绘本故事展现出来，拉近小朋友们与航天的距离，激发航天梦想。

目前，"空天宝贝"系列丛书已出版第一部火箭篇《空天宝贝登月吧》和第二部导弹篇《空天宝贝战斗吧》，两部既相互独立又彼此联动。第三部《空天宝贝探索吧》以卫星为主题，继续开展新奇又治愈的故事，将卫星种类、组成、应用特点及发射过程等科普知识融入其中，赋予丰富的童趣和人文精神。

在《空天宝贝探索吧》故事中，天宝偶然进入爸爸的秘密基地，得知爸爸去寻找四颗陨石的消息。为了帮助爸爸实现梦想，早日团聚，天宝、小朵在多种卫星的帮助下开始寻找陨石。卫星们各显神通，最终空天宝贝成功将陨石集齐。至于后来又发生了什么神奇的故事呢？就等小朋友们亲自揭晓啦！

希望大家喜欢天宝，喜欢小朵，让空天宝贝陪伴大家走近航天。"天宝第1弹"的表情包已经在微信上线啦，可以扫描下方二维码获取，后续还会有很多精彩故事及动画片，请持续关注哦！

微信扫一扫，开始使用表情！

嗖嗖嗖嗖!
有四颗流星划过天空,坠落在地球的不同角落,成为陨石。

此时，天宝沉浸在睡梦中，
做着香甜的美梦。

蜜枣在一旁晃动着摇篮，许
愿蜂躺在摇篮里休养。

一天，天宝、小朵和小伙伴们在森林里玩耍。

小朵发现了一个很大的树洞，她十分惊奇，立刻告诉了天宝。

他们好奇地走进树洞，准备探索一番。

树洞的深处，居然有一扇紧闭的大门。
天宝和小朵使劲推门，门却纹丝不动。
蜜枣似乎发现了什么："喵呜？"

旁边的木架上散落着大大小小的圆球。

天宝拿起一个小球，再看看门上的八个圆圈，中间的图案好像是太阳。他恍然大悟："我知道了！这就是太阳系啊！这些小球是八颗行星！我们把它们放到各自的轨道上试试吧。"

金星

火星

水星 海王星

天王星

小朵把最后一颗小球放了上去，只见整个星图亮了起来，门也随之晃动着缓缓打开。

脚踏实地 仰望星空

一间神秘的屋子出现了！

屋里摆放着好多东西！有亮闪闪的水晶、形状各异的矿石，还有地球仪。

大家走进去，左看看，右看看。

天宝发现桌子上有一张他和爸爸妈妈的合照；而小朵看到一个摊开的日记本，认真地读了起来……

天宝难过地说："原来爸爸去寻找陨石了。好久没有见到他了，我好想他。"

小朵安慰道："天宝，不要伤心，要不我们帮助他寻找陨石吧！这样他就可以早点儿回家了！"

天宝听到后露出了笑容："说得对呀！谢谢你，小朵。"

突然，角落的石头动了动，变成了一个石头人，把蜜枣吓了一跳。

石头人伸了个懒腰，笑呵呵地打了个招呼："小家伙们，你们好啊，我是石铁爷爷。"

天宝问："石铁爷爷，您好！您认识我爸爸吗？"

石铁爷爷说："认识啊！我以前生活在太空中，一次意外的撞击后，我来到了地球，是天奇教授给了我新的生命。"

小朵灵机一动："原来您是陨石啊，那您知道怎么找到地球上的其他陨石吗？"

石铁爷爷点点头，拿出一个箱子递给小朵，说："我有一个宝箱，能帮到你们。"

小朵和天宝试图打开宝箱，但是箱子没有任何变化。

石铁爷爷调皮地笑了起来："哈哈哈，想打开这个箱子，必须有特殊的钥匙，我来给你们变个魔法。"

只见石铁爷爷从肩膀上取下一个小徽章，
靠近箱子："这就是箱子的钥匙。"

话音刚落，刚刚怎么都打不开的箱子，"咔嗒"一声就打开了。原来钥匙是一块磁铁，磁铁的一端一靠近，箱子就会自动打开。

石铁爷爷从箱子里拿出一卷图纸，说："这就是箱子里的藏宝图了。接下来，你们可以去科学X工厂的卫星中心，那里能帮助你们找到陨石。"

天宝和小朵开心极了。

大家走出树洞，告别了石铁爷爷，驾驶光速蜗牛向科学X工厂飞去……

陨石

　　陨石，是地球以外的宇宙流星脱离原有运行轨道或成碎块散落到地球上的石体，也称"陨星"。作为"天外来客"，陨石是人类直接认识太阳系各星体珍贵稀有的实物标本，极具收藏价值。根据内部的铁镍金属含量高低，陨石通常可分为三大类：石陨石、铁陨石和石铁陨石。

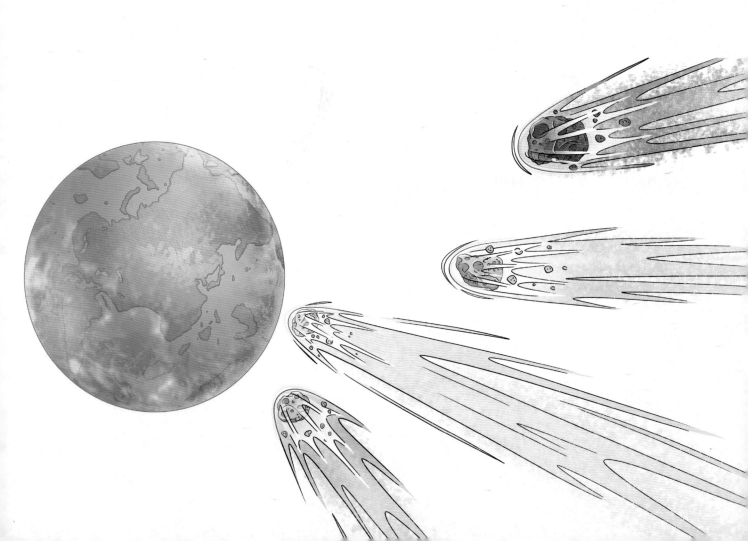

太阳系八颗行星

太阳系是太阳、行星及其卫星等许多天体所在的天体系统。太阳是太阳系的中心天体，是一颗巨大的恒星，它的质量占据整个太阳系的 99.86%，具有巨大的引力。如今，人们已经在太阳系中发现了八颗行星。行星受到太阳引力的束缚，沿着各自的轨道，以各自的速度围绕太阳运转。按照离太阳的距离由近及远，依次是水星、金星、地球、火星、木星、土星、天王星和海王星。按体积由大到小，依次是木星、土星、天王星、海王星、地球、金星、火星、水星。

树洞深处的大门是不是很酷！它的机关藏有八颗行星的知识呢，小朋友们知道怎么解锁了吗？

地球仪

地球仪是地球的模型。地球是一个两极略扁、赤道部分稍微凸起的扁球体，但当人们按照一定的比例将地球缩小，制成地球仪的时候，这个差别就变得很小了，直观地看上去地球就是一个球体，所以人们在制作地球仪时，习惯上都将它制成一个标准的球体。在地球仪上，我们能直观地看到七大洲、四大洋以及每个国家甚至城市的地势、地貌。地球仪在教学中的应用非常广泛，它能够清楚地演示地球的自转与公转运动、昼夜长短变化、四季形成等自然现象，以帮助小朋友更形象地学习地理知识。

原来天宝的爸爸天奇教授是一位太空地质学家，地球仪也是他做科研时的辅助工具呢！

石铁陨石

石铁陨石由铁镍（niè）金属和硅酸盐矿物组成，铁镍金属含量在 30% ～ 65%，这类陨石比较罕见，占陨石数量的 2% ～ 4%，故商业价值最高。著名的石铁陨石是山东莒南的"铁牛"，长 1.4 米，重达 3.72 吨，为世界陨石之首。该陨石含铁 70% 以上，其次为硅、铝、镍，主要矿物有锥纹石、镍纹石、合纹石等，次要矿物为陨硫铁、铬铁矿、石墨等。

石铁爷爷可是由珍贵的石铁陨石构成的呢！

磁铁

  磁铁，俗称吸铁石，当吸铁石接触铁制品，就会把它们牢牢吸住。而我们了解的吸铁石就是所谓的磁体，它有两个"磁极"，分别叫作 N 极和 S 极。磁极之间有相互作用，即同性相斥、异性相吸。当磁体的两个 N 极彼此靠近时，它们会互相排斥。两个 N 极靠得越近，斥力就越大。两个 S 极彼此靠近时，也会发生同样的情况。但是，当 N 极和 S 极靠近时，两极会互相吸引，并且两极靠得越近，这种吸引力就越强。它们之间的相斥和吸引现象就是磁现象。

  当磁铁钥匙靠近宝箱的开关，由于同性相斥原理，宝箱的开关会自动打开哦！

图书在版编目（CIP）数据

空天宝贝探索吧.1,树洞里的秘密 / 马倩主编；
郑焱,唐纹,谢露茜著；王柯爽,郭真如绘. -- 北京：
电子工业出版社,2025.1. -- ISBN 978-7-121-49008-8

Ⅰ.V4-49

中国国家版本馆CIP数据核字第20243FD407号

责任编辑：赵　妍
印　　刷：河北迅捷佳彩印刷有限公司
装　　订：河北迅捷佳彩印刷有限公司
出版发行：电子工业出版社
　　　　　北京市海淀区万寿路173信箱　邮编：100036
开　　本：889×1194　1/16　印张：14.25　字数：84.175千字
版　　次：2025年1月第1版
印　　次：2025年1月第1次印刷
定　　价：148.00元（全5册）

凡所购买电子工业出版社图书有缺损问题，请向购买书店调换。若书店售缺，请与本社
发行部联系，联系及邮购电话：（010）88254888，88258888。

质量投诉请发邮件至zlts@phei.com.cn，盗版侵权举报请发邮件至dbqq@phei.com.cn。

本书咨询联系方式：（010）88254161转1852，zhaoy@phei.com.cn。